Yang XingHua

Explorar os serviços energéticos digitais inteligentes

Yang XingHua

Explorar os serviços energéticos digitais inteligentes

A era inteligente chegou

ScienciaScripts

Cover image: www.ingimage.com

This book is a translation from the original published under ISBN 978-620-7-84160-8.

Publisher:
Sciencia Scripts
is a trademark of
Dodo Books Indian Ocean Ltd. and OmniScriptum S.R.L publishing group

120 High Road, East Finchley, London, N2 9ED, United Kingdom
Str. Armeneasca 28/1, office 1, Chisinau MD-2012, Republic of Moldova, Europe
Printed at: see last page
ISBN: 978-620-8-14485-2

Explorar os serviços energéticos digitais inteligentes

catálogo

Introdução do autor 3
Resumo 5
1. serviços integrados de energia 5
A configuração estratégica da cooperação e da integração 5
1.1 Conceito e conotação 5
1.2 Estrutura estratégica 6
1.3 Estudos de caso 6
1.4 Estudos de caso: 8
2. Operações Energéticas Integradas 11
Desenvolvimento sustentável através de uma gestão aperfeiçoada .. 11
2.1 Conceito e caraterísticas 11
2.2 Estratégias e implementação 13
2.3 Estudos de caso 13
3. Serviços auxiliares de energia 17
O sistema de apoio essencial 17
3.1 Definição e importância 17
3.2 Extração de valor 19
3.3 Inovação e desafios 20
3.4 Estudos de caso 23
4. Serviços de eficiência e conservação de energia 27
Marketing através da experimentação e da adoção 27
4.1 Conceito e valor 27
4.2 Estratégias de implementação 28
4.3 Vantagens e desafios 32
4.4 Estudos de caso 35
5. Comércio integrado de energia 38

Uma plataforma de mercado diversificada....................................38
5.1 Conceito e caraterísticas 38
5.2 Tendências de desenvolvimento...39
5.3 Construção da plataforma 41
5.4 Estudos de caso 43
6. Energia Digital Inteligente 46
A era inteligente chegou 46
6.1 Conceito e conotação...46
6.2 Tecnologias de base 47
6.3 Cenários de aplicação 48
6.4 Transformações e perspectivas futuras......................................49

Introdução do autor

Yang Xinghua, licenciado em Energia Térmica e Engenharia de Energia pela Universidade de Engenharia de Hebei, trabalhou sucessivamente no 12.º Gabinete de Engenharia dos Recursos Hídricos e Energia Hidroelétrica da China, na Brigada de Supervisão de Energia do Condado de Qingtian e no Centro de Serviços de Desenvolvimento Industrial do Condado de Qingtian. Com quase 20 anos de experiência em tecnologia e gestão de energia, possui uma vasta experiência na construção de engenharia energética. Foi responsável pela tecnologia de produção de energia de projectos como a central hidroelétrica de armazenamento por bombagem de Tongbai e a central hidroelétrica de Tankeng. O tema de investigação que realizou, "Tecnologia de instalação de unidades reversíveis de armazenamento por bombagem de 300 MW em Tongbai", ganhou o primeiro prémio dos prémios provinciais e ministeriais de progresso científico e tecnológico. Organizou e participou várias vezes em grandes projectos de transformação de poupança de energia para empresas, supervisionando renovações abrangentes na indústria de galvanoplastia, na indústria de válvulas e na indústria de arenito, dando contributos notáveis no domínio da conservação de energia e da redução de emissões a nível das bases. Recebeu numerosas distinções, incluindo a de Indivíduo Excecional na Gestão Provincial de Recursos Hídricos, Indivíduo Excecional na Implementação do "Sistema Líder de Cadeia" na Cadeia Industrial Caraterística 1315 de Lishui, Indivíduo Excecional no Estabelecimento de uma Zona de Demonstração de Construção de Civilização Ecológica Nacional em Lishui, Indivíduo Avançado na "Governação Conjunta das Cinco Águas" do Condado de Qingtian e Indivíduo Avançado na Renovação e Atualização Abrangentes da Indústria de Válvulas. Os seus artigos, tais como "Investigação sobre o controlo do consumo total de energia a nível local" e "Discussão sobre o acesso ao consumo de energia e medidas de poupança de energia na indústria de fundição de bombas e válvulas", foram publicados em revistas de referência. Artigos elaborados através de investigação aprofundada, tais como "Prática e perspetiva da reforma do sistema de avaliação da energia com o objetivo de 'acelerar e garantir a qualidade'" e "Reflexões sobre a implementação vigorosa do 'Projeto de desenvolvimento n.º 1' de inovação da economia digital e melhoria da qualidade", foram adoptados e utilizados por sistemas económicos e de informação provinciais e municipais.

Com a reconstrução ecológica dos recursos digitais, a tecnologia de rede e a inteligência artificial, o desenvolvimento económico e social do mundo está a sofrer transformações significativas. Os serviços tradicionais de poupança de energia deram origem a serviços digitais inteligentes de energia. Esta monografia pretende começar com as conotações conceptuais, combinar estudos de casos, analisar tendências de desenvolvimento, utilizar plataformas integradas e pensamento tecnológico central, promover a transformação industrial e a atualização através de serviços de sistema e explorar a criação de cenários futuros para uma utilização eficiente da energia.

Resumo

No contexto do rápido desenvolvimento económico mundial e do crescimento contínuo da população, as questões energéticas tornaram-se um foco de atenção a nível mundial. Com a crescente procura de energia, as questões da segurança energética e do desenvolvimento sustentável tornaram-se cada vez mais proeminentes. Neste cenário, os serviços energéticos digitais e inteligentes surgiram como uma força importante para impulsionar a transformação energética e alcançar o desenvolvimento sustentável. O presente documento analisa áreas fundamentais como os serviços energéticos integrados, as operações energéticas integradas, os serviços auxiliares de energia, os serviços de eficiência e conservação energética, o comércio integrado de energia e a energia digital inteligente, e descreve as suas perspectivas futuras.

1. serviços integrados de energia

A configuração estratégica da cooperação e da integração

1.1 Conceito e conotação

Os serviços energéticos integrados referem-se ao fornecimento de soluções energéticas eficientes, limpas, económicas e fiáveis aos utilizadores através da cooperação inter-industrial e inter-domínios, integrando vários recursos e serviços energéticos. Abrangem múltiplos aspectos da produção, transmissão, distribuição e utilização de energia, com o objetivo de conseguir uma atribuição óptima e uma utilização eficiente da energia.

1.2 Estrutura estratégica

• **Integração vertical**: Ao integrar as indústrias a montante e a jusante, forma-se um sistema de serviços integrado desde a produção até ao consumo de energia, aumentando a eficiência operacional global.

• **Expansão horizontal**: Colaboração entre indústrias, integrando os serviços energéticos com sectores como as tecnologias da informação, os transportes e a construção, para formar modelos de serviços diversificados que satisfaçam as diversas necessidades dos utilizadores.

• **Integração tecnológica**: Tirar partido de tecnologias avançadas, como os grandes volumes de dados e a inteligência artificial, para melhorar a inteligência e a precisão dos serviços energéticos, melhorando a eficiência da utilização da energia.

1.3 Estudos de caso

Smart Grid: Utilização da tecnologia de rede inteligente para conseguir uma transmissão e distribuição eficientes da eletricidade, reduzindo as perdas de energia e melhorando a estabilidade e a fiabilidade da rede:

1.3.1 Transmissão e distribuição eficientes de energia:

As redes inteligentes utilizam sistemas avançados de monitorização e controlo para otimizar o fluxo de eletricidade, minimizando as perdas de energia durante o transporte e a distribuição. Isto resulta numa utilização mais eficiente dos recursos energéticos e em poupanças de custos para os consumidores.

1.3.2 Melhoria da fiabilidade e estabilidade da rede:

Ao integrar sensores avançados, automação e tecnologias de comunicação, as redes inteligentes podem detetar e responder rapidamente a perturbações, como cortes de energia ou flutuações na procura. Isto ajuda a manter um fornecimento estável e fiável de eletricidade, reduzindo a frequência e a duração dos apagões.

1.3.3 Integração das fontes de energia renováveis:

As redes inteligentes facilitam a integração perfeita de fontes de energia renováveis, como a energia solar e eólica, na rede. Podem ajustar-se dinamicamente às variações na produção de energia renovável, assegurando um funcionamento estável e equilibrado da rede, mesmo com fontes de energia intermitentes.

1.3.4 Melhoria da resposta e gestão da procura:

Com contadores inteligentes e programas de resposta à procura, as redes inteligentes permitem aos serviços públicos e aos consumidores gerir melhor a utilização da eletricidade. Isto pode levar a uma redução dos picos de procura, permitindo uma utilização mais eficiente das centrais eléctricas e reduzindo a necessidade de actualizações dispendiosas das infra-estruturas.

1.3.5 Possibilidade de novos serviços e modelos de negócio:

A infraestrutura digital das redes inteligentes abre oportunidades para novos serviços e modelos de negócio, como as micro-redes, as centrais eléctricas virtuais e os sistemas de armazenamento de energia. Estas inovações aumentam ainda mais a eficiência energética, a fiabilidade e a participação dos clientes.

1.3.6 Análise de dados e informações:

As redes inteligentes geram grandes quantidades de dados que podem ser analisados para fornecer informações sobre o funcionamento da rede, padrões de utilização de energia e potenciais áreas de melhoria. Esta abordagem baseada em dados permite que as empresas de serviços públicos tomem decisões informadas, optimizem o desempenho da rede e desenvolvam programas de eficiência energética personalizados para os clientes.

1.4 Estudos de caso:

Dinamarca: A Dinamarca tem uma infraestrutura de rede inteligente bem desenvolvida, integrando elevados níveis de energia eólica na sua rede. Os sistemas avançados de gestão da rede do país garantem a estabilidade e a fiabilidade mesmo durante períodos de elevada produção eólica.

Estado do verde

Califórnia, EUA: As iniciativas de redes inteligentes da Califórnia centram-se na modernização da infraestrutura da rede para acomodar as crescentes fontes de energia renováveis e na implementação de programas de resposta à procura para gerir os picos de procura. Isto resultou em poupanças de energia significativas e na redução das emissões de gases com efeito de estufa.

Austrália: Em resposta a fenómenos meteorológicos extremos e à necessidade de uma rede mais resiliente, a Austrália investiu em tecnologias de rede inteligente, incluindo infra-estruturas de contagem avançadas e sistemas de automatização da rede. Estas medidas melhoraram a fiabilidade da rede e permitiram uma melhor gestão dos recursos energéticos distribuídos.

Energia distribuída: Promover sistemas de energia distribuída, como a energia solar e eólica, para conseguir uma produção e um consumo de energia localizados, aumentando a autossuficiência energética.

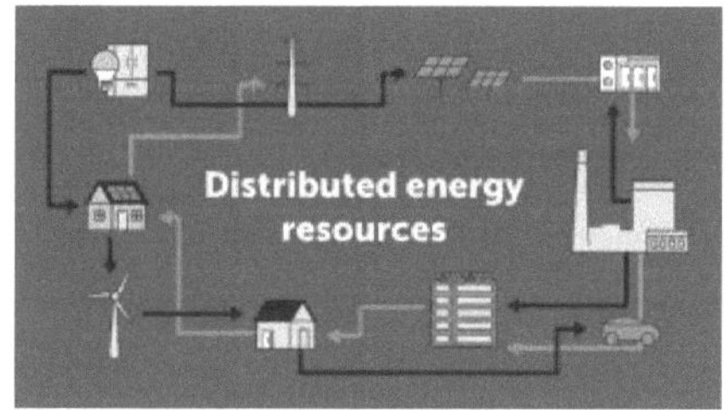

Energia distribuída

Principais caraterísticas e benefícios da energia distribuída:

1.4.1 Independência energética e resiliência:

Os sistemas de energia distribuída permitem que as comunidades, empresas e indivíduos produzam a sua própria energia, reduzindo a dependência de redes centralizadas e melhorando a resiliência energética durante catástrofes ou falhas na rede.

1.4.2 Utilização eficiente dos recursos renováveis:

Ao produzir energia perto do ponto de consumo, os sistemas de energia distribuída minimizam as perdas de transmissão e podem utilizar de forma mais eficiente os recursos renováveis locais, como a luz solar e o vento.

1.4.3 Redução do impacto ambiental:

Como a maioria dos sistemas de energia distribuída se baseia em fontes renováveis, contribuem para reduzir as emissões de gases com efeito de estufa e outros poluentes ambientais em comparação com os sistemas tradicionais baseados em combustíveis fósseis.

1.4.4 Benefícios económicos:

A energia distribuída pode proporcionar benefícios económicos através da poupança de custos nas facturas de eletricidade, da criação de emprego no sector das energias renováveis e do aumento do investimento nas comunidades locais.

1.4.5 Maior flexibilidade da rede:

Ao integrar recursos energéticos distribuídos na rede, os serviços públicos podem aumentar a flexibilidade da rede, gerir melhor os picos de procura e reduzir a necessidade de actualizações dispendiosas das infra-estruturas.

Estudos de caso:

Vários casos reais de implantação de energia distribuída realçam estes benefícios:

Programa de Tarifa de Alimentação da Alemanha: O bem-sucedido programa Feed-in Tariff (FiT) da Alemanha incentivou a instalação de painéis solares nos telhados e outros sistemas de energia renovável em todo o país. Isto resultou num aumento significativo da capacidade de produção distribuída, promovendo a independência energética e o crescimento do emprego no sector das energias renováveis.

Microrredes da Califórnia: A Califórnia tem vários projectos de microrredes, incluindo em bases militares e universidades, que demonstram a resiliência e fiabilidade dos sistemas de energia distribuída. Estas microrredes podem isolar-se da rede principal durante os cortes de energia, garantindo o fornecimento contínuo de energia a instalações críticas.

Programa de Eletrificação Rural da China: O programa de eletrificação rural da China, que inclui a instalação de sistemas solares e eólicos fora da rede, melhorou o acesso à energia para milhões de pessoas em regiões remotas e subdesenvolvidas. Estes sistemas reduziram a dependência de geradores a gasóleo e forneceram soluções energéticas limpas e económicas.

Projectos solares comunitários: Os projectos solares comunitários, em que vários agregados familiares ou empresas partilham a propriedade de um grande painel solar, estão a ganhar popularidade em muitos países. Estes projectos permitem que indivíduos sem espaço adequado no telhado tenham acesso aos benefícios da energia solar, fomentando o envolvimento da comunidade e promovendo a produção distribuída.

- **Internet da energia**: Construção de uma plataforma de Internet da energia para alcançar a interconectividade entre diferentes formas de energia, optimizando a atribuição de energia e promovendo a sua partilha c complementaridade.

2. Operações integradas de energia

Desenvolvimento sustentável através de uma gestão aperfeiçoada

2.1 Conceito e caraterísticas

A operação integrada de energia é um modo de operação que gira em torno das políticas e diretrizes energéticas do país e do governo, com o objetivo de alcançar uma "utilização de energia limpa, científica, eficiente, económica e rentável". Fornece aos utilizadores produtos energéticos integrados e/ou serviços abrangentes relacionados com aplicações energéticas através de um sistema energético integrado. Este modo de funcionamento privilegia a utilização prioritária das energias renováveis, com base na energia eléctrica, integrando simultaneamente o calor, o frio, o gás e outras fontes de energia para conseguir a transformação mútua e a atribuição óptima de múltiplas fontes de energia.

Caraterísticas da exploração integrada da energia: Abrangente: O funcionamento integrado da energia abrange vários tipos de energia, incluindo a eletricidade, o gás, o calor e o frio, bem como a transformação mútua e a atribuição óptima de várias fontes de energia. Esta caraterística abrangente torna a utilização da energia mais eficiente e flexível.

Comercialização: Uma operação energética abrangente promove a melhoria da eficiência da utilização da energia através de um mecanismo de fixação de preços da energia altamente comercializado. O mecanismo de comercialização pode estimular o entusiasmo de todos os participantes e promover a atribuição óptima e a utilização eficiente da energia.

Inteligência: A operação integrada de energia permite a gestão inteligente de todo o sistema através de centros de controlo avançados e meios tecnológicos. Através de programação inteligente, monitorização inteligente, análise inteligente e outras funções, melhora a eficiência operacional e a segurança do sistema energético.

Baixa carbonização: A operação energética abrangente centra-se no desenvolvimento e utilização de energias renováveis, reduzindo o consumo de energia fóssil e conseguindo uma utilização de energia com baixo teor de carbono. Isto ajuda a reduzir as emissões de gases com efeito de estufa e a enfrentar os desafios das alterações climáticas.

Proximidade e interatividade: As operações energéticas integradas dão ênfase à produção local, ao equilíbrio e ao consumo de energia, bem como à interação entre diferentes entidades energéticas. Isto ajuda a reduzir as perdas na transmissão de energia, a melhorar a eficiência energética e a reforçar a estabilidade e a segurança do sistema energético.

2.2 Estratégias e implementação

• **Planeamento a longo prazo**: Formulação de estratégias de desenvolvimento energético a longo prazo para garantir um aprovisionamento energético estável e sustentável.

• **Gestão refinada**: Otimização dos processos de produção e consumo de energia através de técnicas de gestão refinadas para melhorar a eficiência da utilização de energia.

• **Inovação tecnológica**: Promover a investigação e a aplicação de novas tecnologias para melhorar a inteligência dos sistemas energéticos.

• **Mecanismo de mercado**: Estabelecer e melhorar os mecanismos de mercado para promover a afetação racional e a utilização eficiente dos recursos energéticos.

2.3 Estudos de caso

À semelhança dos estudos de caso dos serviços energéticos integrados, as redes inteligentes, a energia distribuída e a Internet da energia também desempenham papéis fundamentais nas operações energéticas integradas.

Há uma variedade de casos de operação integrada de energia no país e no estrangeiro. Eis alguns casos típicos:

Casos domésticos

Projeto de demonstração global de energia de Shanxi Yuncheng do National Power Investment Group

Panorama geral: Este projeto é um projeto abrangente de serviços energéticos levado a cabo pela State Power Investment Corporation na cidade de Yuncheng, província de Shanxi, abrangendo energia limpa, micro-rede inteligente, renovação para poupança de energia e outros aspectos.

Objetivo: Fornecer soluções de serviços energéticos integrados eficientes, ecológicos e sustentáveis para a cidade de Yuncheng e contribuir para o desenvolvimento económico e ambiental local.

Projeto de energia nova da Huawei e da cidade de Daye, Huangshi, Hubei

Descrição geral: Este projeto é um novo projeto de energia desenvolvido conjuntamente pela Huawei e pelo Governo Municipal de Daye da cidade de Huangshi, província de Hubei, incluindo energia solar, armazenamento de energia, micro-rede inteligente e outras actividades.

Efeito: Fornecer soluções de serviços energéticos ecológicos, inteligentes e eficientes para a cidade de Daye e promover o desenvolvimento económico local e a proteção do ambiente.

Projeto global de serviços energéticos no condado de Haiyan, Jiaxing, Zhejiang

Descrição geral: O projeto é realizado pelo Governo do Condado de Haiyan de Jiaxing em cooperação com várias empresas, envolvendo vários domínios, como o gás, a eletricidade e o calor.

Efeito: Fornece uma solução de serviço energético segura, fiável e eficiente para o condado de Haiyan, promovendo o desenvolvimento económico local e melhorando o nível de vida dos residentes.

Plataforma de gestão integrada de energia "Internet plus" do Metro de Guangzhou

Descrição geral: Este projeto utiliza a tecnologia Internet plus para conseguir uma gestão inteligente da energia nas estações de metro, que pode monitorizar o consumo de energia em tempo real e fornecer sugestões de poupança de energia e avisos precoces.

Efeito: Proporciona um forte apoio ao Metro de Guangzhou para poupar custos de energia e melhorar a eficiência operacional.

Estação de serviço de energia integrada de Tianjin Tianbao

Panorama geral: Este projeto é um projeto global de serviços energéticos levado a cabo pelo Aeroporto Internacional de Tianjin Tianbao em cooperação com várias empresas, incluindo empresas de combustível para aviação, refrigeração, aquecimento e outras.

Efeito: Fornece uma solução de serviço energético fiável e eficiente para o Aeroporto Internacional de Tianbao, garantindo o funcionamento normal e a segurança da aviação do aeroporto.

Projeto de demonstração de integração e otimização complementar de multi-energia na prefeitura de Haixi

Visão geral: O projeto está localizado na saída leste de Golmud, província de Qinghai, e utiliza a tecnologia de máquina síncrona virtual para conseguir uma regulação inteligente e uma utilização complementar de novas fontes de energia, como a energia eólica, a energia fotovoltaica e a energia solar térmica.

Efeito: Melhorar a flexibilidade do funcionamento do sistema, reduzir a flutuação da produção, atingir uma taxa de redução da energia eólica inferior a 5%, poupar cerca de 401 500 toneladas de carvão normalizado por ano e reduzir efetivamente o consumo de carvão e a poluição atmosférica.

Casos estrangeiros

Próximo Projeto de central eléctrica virtual dos Kraftwerk na Alemanha

A Next Kraftwerk é um grande operador de centrais eléctricas virtuais na Alemanha, gerindo mais de 4.000 equipamentos de produção de energia distribuída, incluindo centrais eléctricas a biomassa, centrais hidroeléctricas, equipamentos de produção combinada de calor e eletricidade, etc.

Valor essencial: Proporcionar flexibilidade ao mercado da energia e ao funcionamento da rede, e obter lucros através da otimização do comércio de energia e da regulação de picos de carga e modulação de frequência.

Micro-rede da Estação de Serviço de Flexibilidade da Enel Energy

Visão geral: A microrrede da Estação de Serviço de Resiliência Energética da Enel combina estações de carregamento, energia fotovoltaica no telhado, equipamento de armazenamento de energia e serviços de loja de conveniência, enfatizando o conceito de "resiliência" para garantir um serviço fiável e contínuo e a experiência do utilizador.

Caraterísticas: Adaptar-se ao ambiente de instabilidade energética e fornecer serviços energéticos diversificados.

A atividade energética integrada da BP

Visão geral: Embora a BP não explore diretamente estações de serviço de energia integrada, a sua atividade está amplamente envolvida no domínio da energia integrada, incluindo a neutralidade de carbono, a energia com baixo teor de carbono e a tecnologia.

Prática: A BP, através da sua subsidiária bp pulse, está ativamente envolvida na expansão da infraestrutura de carregamento de veículos eléctricos e na promoção das suas soluções energéticas integradas a nível mundial.

Projeto "Blue Growth Farm" de energia eólica offshore e piscicultura

Descrição geral: Este projeto é uma plataforma flutuante multifuncional de grande escala, localizada na região do Atlântico Norte, concebida para a criação de peixes e a produção de energia renovável.

Caraterísticas: A plataforma está equipada com conversores de energia das ondas e turbinas eólicas, enquanto as gaiolas de rede suspensas são utilizadas para cultivar peixes, alcançando os benefícios duplos da energia limpa e da aquacultura marinha.

Estes casos mostram as práticas diversas e inovadoras em operações integradas de energia no país e no estrangeiro, proporcionando uma experiência valiosa e inspiração para o desenvolvimento sustentável do sector da energia.

3. Serviços auxiliares de energia

O sistema de apoio essencial

3.1 Definição e importância

Os serviços auxiliares de energia referem-se a uma série de serviços adicionais prestados para garantir o funcionamento seguro, estável e económico dos sistemas de energia, incluindo a regulação da frequência, a redução de picos, a capacidade de reserva e o apoio à energia reactiva. Estes serviços são cruciais para manter a estabilidade do sistema elétrico e proporcionar flexibilidade e fiabilidade ao mercado da energia.

Conteúdos e categorias específicos

De acordo com as "Medidas para a Administração de Serviços Auxiliares em Sistemas de Energia" e as normas industriais pertinentes, os serviços auxiliares incluem principalmente as seguintes categorias:

Serviços de equilíbrio de energia ativa:

Regulação da frequência: Inclui a regulação primária da frequência e a regulação secundária da frequência. A regulação primária da frequência refere-se ao ajustamento automático da produção de energia ativa por unidades convencionais e entidades ligadas à rede, como as energias renováveis e o armazenamento de energia, quando a frequência do sistema de energia se desvia da frequência alvo. A regulação secundária da frequência envolve o seguimento das instruções de despacho de energia através de tecnologias de controlo automático da energia (como AGC, APC) para ajustar a produção e o consumo de energia em tempo real, satisfazendo os requisitos de controlo da frequência do sistema e da potência da linha de ligação.

Regulação de picos: Monitoriza as alterações de pico e de vale na carga do sistema e as alterações na produção de energia renovável. As entidades ligadas à rede ajustam a sua produção e consumo de energia ou o equipamento de arranque/paragem de acordo com as instruções de despacho para manter o equilíbrio entre a oferta e a procura do sistema.

Reserva: Garante o fornecimento fiável de energia no sistema elétrico. As entidades ligadas à rede reservam capacidade de ajustamento de acordo com as instruções de despacho da procura e respondem às instruções de despacho para fornecer serviços num prazo especificado. Os serviços de reserva podem ainda ser subdivididos em reserva giratória e reserva rápida.

Momento de inércia: Quando o sistema é sujeito a perturbações, as entidades ligadas à rede fornecem uma resposta rápida e positiva de amortecimento às alterações de frequência do sistema com base nas suas próprias caraterísticas de inércia, evitando alterações súbitas de frequência do sistema.

Taxa de rampa: Para lidar com grandes mudanças de curto prazo na carga líquida do sistema causadas por incertezas, como flutuações na produção de energia renovável, as entidades ligadas à rede com fortes taxas de ajuste de carga ajustam sua produção de acordo com as instruções de despacho para manter o equilíbrio de energia do sistema.

Serviços de balanço de potência reactiva:

Também conhecidos como serviços de controlo da tensão. As entidades ligadas à rede injectam ou absorvem potência reactiva na rede ou ajustam a distribuição de potência reactiva de acordo com instruções de despacho, como o controlo da tensão e da potência reactiva de saída, para garantir a estabilidade da tensão no sistema elétrico.

Serviços de emergência e restauração:

Utilizado para manter o funcionamento estável da rede eléctrica ou para fornecer a capacidade de restabelecer o fornecimento de energia após grandes apagões quando a rede se encontra em estado de emergência ou de acidente.

3.2 Extração de valor

Nos últimos anos, com o desenvolvimento contínuo do mercado da energia, os serviços auxiliares nos sistemas eléctricos tornaram-se gradualmente orientados para o mercado. A criação de mecanismos de mercado para os serviços auxiliares, como a regulação de picos, a regulação da frequência e a reserva, tem desempenhado um papel positivo na garantia da qualidade da energia, na manutenção de um funcionamento seguro e estável do sistema elétrico e na promoção da integração das energias renováveis. Os mecanismos específicos orientados para o mercado incluem modelos unificados, modelos de licitação e modelos de contratos bilaterais, destinados a orientar todas as partes no sentido de participarem ativamente na prestação de serviços auxiliares através de incentivos económicos, optimizando a afetação de recursos e melhorando a eficiência operacional global do sistema.

Através de medidas como a resposta rápida às alterações de frequência da rede, o fornecimento de energia adicional durante os picos de procura, a oferta de capacidade de reserva e a melhoria da estabilidade da tensão da rede, os serviços auxiliares de energia desempenham um papel vital na manutenção da estabilidade do sistema elétrico.

3.3 Inovação e desafios

A inovação tecnológica, os mecanismos de mercado e o apoio político são factores-chave para o desenvolvimento dos serviços auxiliares de energia. Com o avanço das tecnologias de IA e IoT, os serviços auxiliares de energia tornar-se-ão mais inteligentes e automatizados.

As inovações e os desafios nos serviços auxiliares de energia eléctrica manifestam-se principalmente nos seguintes aspectos:

Inovações:

Inovação tecnológica:

Inteligência e digitalização: Com o avanço da tecnologia da informação, da inteligência artificial e de outras tecnologias de ponta, o mercado de serviços auxiliares de energia eléctrica está a tornar-se mais inteligente. Por exemplo, através da análise maciça de dados e da tecnologia da Internet das Coisas (IoT), os fornecedores de serviços podem monitorizar o estado de funcionamento do sistema de energia em tempo real, formular estratégias de serviços auxiliares mais eficazes e melhorar a velocidade de resposta e a estabilidade do sistema.

Aplicação da tecnologia de armazenamento de energia: A tecnologia avançada de armazenamento de energia desempenha um papel crucial nos serviços auxiliares de energia eléctrica. À medida que a tecnologia das baterias progride e são desenvolvidos novos materiais de armazenamento de energia, os sistemas de armazenamento de energia podem fornecer, de forma mais eficiente, serviços auxiliares como a modulação da frequência e o corte de picos de consumo, aumentando a flexibilidade e a fiabilidade do sistema elétrico.

Inovação do mecanismo de mercado:

Otimização dos mecanismos de preços: Nos últimos anos, o mercado de serviços auxiliares de energia eléctrica tem vindo a estabelecer e a otimizar gradualmente mecanismos de preços para incentivar a participação de mais recursos na regulação do sistema. Por exemplo, as políticas emitidas pela Comissão Nacional de Desenvolvimento e Reforma e pela Administração Nacional de Energia sobre o mecanismo de preços do mercado de serviços auxiliares de energia eléctrica optimizaram os mecanismos de negociação e de fixação de preços para os serviços auxiliares, tais como a regulação de picos, a modulação de frequências e a espera, clarificando as regras de fixação de preços e os métodos de transmissão de custos.

Acesso ao mercado e concorrência: As barreiras à entrada no mercado de serviços auxiliares de energia eléctrica têm vindo a diminuir gradualmente, atraindo mais participantes, incluindo novos armazenadores de energia e cargas ajustáveis. Esta estrutura de mercado diversificada promove a concorrência e melhora a eficiência do mercado.

Inovação do modelo de serviço:

Energia virtual e gestão do lado da procura: Ao integrar a energia distribuída, o armazenamento de energia e as cargas flexíveis, a energia virtual surgiu como um novo modelo de serviço. Permite uma gestão flexível do consumo e da produção de energia, fornecendo capacidades de regulação adicionais ao sistema elétrico.

Aplicação da tecnologia de cadeia de blocos: Espera-se que a tecnologia Blockchain transforme o comércio e a gestão dos serviços auxiliares de energia eléctrica. Através da cadeia de blocos, os participantes no mercado da energia podem conseguir um comércio descentralizado e contratos inteligentes, aumentando a transparência e a eficiência do mercado.

Desafios:

Escassez de tecnologia e de talentos:

O mercado dos serviços auxiliares de energia eléctrica requer um apoio alargado de talentos de elevada qualidade e de tecnologias avançadas. No entanto, o mercado continua a registar uma escassez de tecnologia e de talentos, o que limita o seu rápido desenvolvimento.

Incerteza política e regulamentar:

Existem diferenças significativas na regulamentação e nas políticas do mercado da eletricidade nos diferentes países e regiões, e estas podem mudar frequentemente. Esta incerteza tem impacto nos investimentos e operações no mercado dos serviços auxiliares de energia eléctrica, aumentando a perceção de risco dos participantes no mercado.

Intensa concorrência no mercado:

À medida que a escala do mercado de serviços auxiliares de energia eléctrica se expande, a concorrência intensifica-se. As entidades do mercado precisam de melhorar continuamente a sua competitividade para se estabelecerem no mercado.

Regulamentação insuficiente do mercado:

As agências reguladoras e as regras que regem o mercado dos serviços auxiliares de energia eléctrica precisam de ser melhoradas para garantir a ordem do mercado e uma concorrência leal. Atualmente, a regulamentação do mercado em algumas regiões é ainda inadequada.

Os serviços auxiliares de energia eléctrica registaram progressos significativos em termos de inovação tecnológica, inovação dos mecanismos de mercado e inovação do modelo de serviço. No entanto, continuam a enfrentar desafios como a escassez de tecnologia e de talentos, a incerteza política e regulamentar, a intensa concorrência no mercado e a insuficiente regulamentação do mercado. No futuro, é necessário que os governos, as empresas e as instituições de investigação trabalhem em conjunto para reforçar a investigação e o desenvolvimento tecnológico e o cultivo de talentos, melhorar as políticas, os regulamentos e os mecanismos de regulação do mercado e promover o desenvolvimento saudável do mercado dos serviços auxiliares de energia eléctrica.

3.4 Estudos de caso

• **Central eléctrica virtual**: Agregação de recursos energéticos dispersos através de tecnologias de informação e comunicação para fornecer serviços auxiliares flexíveis.

• **Gestão da procura**: Controlar as cargas da rede de forma flexível, ajustando os comportamentos de consumo de eletricidade dos utilizadores.

• **Tecnologia de armazenamento de energia**: Utilização de sistemas de armazenamento de energia em baterias para fornecer regulação de frequência, redução de picos e serviços de reserva, aumentando a flexibilidade da rede.

Casos práticos de serviços auxiliares de energia

Caso 1: Operação experimental do mercado de serviços auxiliares para energia de reserva na rede eléctrica de Zhejiang

Antecedentes:

Em agosto de 2021, durante o período de pico do verão, quando o equilíbrio entre a oferta e a procura de energia estava a apertar, a Zhejiang Power Grid iniciou a primeira operação experimental do mercado de serviços auxiliares para energia de reserva, envolvendo entidades independentes de terceiros.

Medidas:

O tipo de transação era serviços auxiliares de reserva.

As entidades participantes incluíram 21 utilizadores de energia eléctrica e quatro agregadores de carga, tais como empresas de veículos eléctricos e empresas de torres provinciais, abrangendo recursos de resposta de alta qualidade, como cargas interruptíveis e armazenamento de energia.

A carga controlável registada totalizou 180 MW.

Resultados:

Aliviou a situação de reserva giratória insuficiente em condições de oferta e procura de energia apertadas, reduzindo os custos de reserva do sistema.

A receita acumulada para todas as entidades do mercado de serviços auxiliares durante o período foi de RMB 51.300, gerando receitas de serviços para entidades independentes de terceiros.

Caso 2: Operação experimental de liquidação de serviços auxiliares na rede eléctrica de Zhejiang

Antecedentes:

Em janeiro de 2023, a Zhejiang Power Grid avançou ainda mais no desenvolvimento do mercado de serviços auxiliares de energia, realizando operações experimentais de liquidação envolvendo entidades independentes de terceiros.

Medidas:

Entidades de mercado organizadas, como o armazenamento de energia de alta carga e os agregadores de carga, para participarem em transacções de redução de picos e enchimento de vales, e serviços auxiliares de reserva giratória, conforme necessário.

Realização de múltiplas transacções de enchimento de vales com uma procura máxima de 100 MW cada.

Resultados:

Reforçou a flexibilidade e as capacidades de equilíbrio da rede, ajudando a equilibrar a oferta e a procura de energia.

Através de mecanismos de transação de mercado, incentivou o investimento e a disponibilização de recursos flexíveis, promovendo o desenvolvimento vigoroso das energias renováveis.

Caso 3: Serviço baseado na rede pela Hohhot Power Supply Company do Inner Mongolia Power Group

Embora este caso não envolva diretamente o mercado dos serviços auxiliares de energia, o serviço baseado na rede demonstrou uma eficácia significativa na melhoria da qualidade e eficiência do serviço de energia, servindo de exemplo prático de inovação nos serviços de energia.

Antecedentes:

A Hohhot Power Supply Company é responsável pelo fornecimento de energia, pela gestão da rede e pelas tarefas de construção na cidade de Hohhot e nos cinco condados circundantes.

Medidas:

Dividiu a área de serviço em grelhas e implementou vigorosamente serviços baseados em grelhas.

Atribuiu um gestor de grelha a cada área e grelha de serviços, utilizando grupos WeChat para divulgar prontamente informações e responder às perguntas dos clientes.

Os gestores de rede visitavam regularmente os clientes dentro das suas áreas de rede para prestar serviços diferenciados.

Resultados:

Reduziu consideravelmente o tempo de resposta às necessidades dos clientes.

Reduziu eficazmente a taxa de reclamações dos clientes.

Facilitou os canais de comunicação entre os clientes e a empresa.

Otimização dos canais de ligação dos clientes à rede eléctrica e melhoria da qualidade e eficiência dos serviços de fornecimento de energia.

Resumo

Estes casos mostram as aplicações práticas dos serviços auxiliares de eletricidade a diferentes níveis e cenários. Desde as operações experimentais do mercado de serviços auxiliares de reserva e liquidação na rede eléctrica de Zhejiang até ao serviço baseado na rede da Hohhot Power Supply Company do Inner Mongolia Power Group, estes casos demonstram o papel crucial dos serviços auxiliares de energia no reforço da segurança e fiabilidade da rede, na promoção do desenvolvimento das energias renováveis e na otimização da atribuição dos recursos energéticos. À medida que o novo sistema de energia progride, o mercado dos serviços auxiliares de energia continuará a melhorar e a desenvolver-se, proporcionando um apoio sólido ao funcionamento seguro e estável e ao desenvolvimento sustentável do sistema de energia.

4. Eficiência energética e serviços de conservação

Marketing através da experimentação e da adoção

4.1 Conceito e valor

Os serviços de eficiência e conservação de energia ajudam os utilizadores a melhorar a eficiência da utilização de energia, a reduzir o consumo de energia e a diminuir os custos operacionais através de meios técnicos e de gestão profissionais. Este serviço adopta frequentemente um modelo "experimente antes de comprar", incentivando os utilizadores a tomar decisões de investimento depois de experimentarem os efeitos da poupança de energia.

Conteúdo principal

Diagnóstico energético: Realizar um diagnóstico abrangente e detalhado da utilização de energia do cliente para identificar áreas de desperdício de energia e potencial de melhoria.

Conceção da solução: Com base nos resultados do diagnóstico energético, conceber um plano de transformação de poupança de energia razoável, incluindo a seleção de tecnologias e produtos de poupança de energia eficientes.

Implementação do projeto: Implementar o projeto de transformação de poupança de energia de acordo com o plano de conceção, incluindo a substituição de equipamento e a atualização de sistemas.

Gestão da operação e da manutenção: Fornecer serviços de gestão de operação e manutenção pós-implementação para equipamentos de poupança de energia para garantir um funcionamento eficiente e estável.

4.2 Estratégias de implementação

Estratégias específicas de implementação para serviços de eficiência e conservação de energia

As estratégias específicas de implementação dos serviços de eficiência e conservação de energia englobam múltiplos aspectos, visando aumentar a eficiência da utilização de energia e reduzir o desperdício de energia através da aplicação abrangente de medidas de gestão, tecnológicas e económicas. Seguem-se algumas estratégias de implementação pormenorizadas:

I. Estratégias de conservação de energia baseadas na gestão

Estabelecer um sistema global de gestão da energia:

Criar departamentos ou cargos específicos de gestão da energia responsáveis pelas tarefas de gestão da energia da empresa.

Estabelecer um sistema e processos sólidos de gestão de energia para garantir uma utilização normalizada e padronizada da energia.

Definir objectivos de gestão da energia:

Formular objectivos práticos e exequíveis de gestão da energia com base na situação real da empresa e subdividir esses objectivos em metas específicas para cada departamento e indivíduo.

Implementar avaliações de objectivos de gestão de energia, estabelecer mecanismos de recompensa e punição e motivar os empregados a participarem ativamente nos esforços de conservação de energia.

Realizar auditorias e monitorização da energia:

Auditar regularmente o consumo de energia da empresa para identificar os domínios e as causas do desperdício de energia.

Instalar equipamento de monitorização da energia para monitorizar o consumo de energia em tempo real, fornecendo dados de apoio a renovações que permitam poupar energia.

Promover a cultura e a sensibilização para a conservação da energia:

Reforçar a publicidade e a educação em matéria de conservação de energia, a fim de aumentar a sensibilização e a participação dos trabalhadores na conservação de energia.

Organizar actividades de formação e intercâmbio de conhecimentos em matéria de conservação de energia para partilhar experiências e boas práticas de conservação de energia.

II. Estratégias de conservação de energia baseadas na tecnologia

Retrofits de conservação de energia de equipamentos:

Reequipar o equipamento que consome muita energia para a conservação de energia, por exemplo, substituindo-o por motores e conversores de frequência de elevada eficiência energética.

Adotar tecnologias e produtos avançados de poupança de energia, como a iluminação LED e o ar condicionado de elevada eficiência energética.

Otimização do sistema:

Otimizar a conceção dos sistemas energéticos da empresa para melhorar a eficiência energética global do sistema.

Implementar projectos como a recuperação e utilização de calor residual para melhorar a eficiência da utilização global da energia.

Controlo inteligente:

Introduzir sistemas de controlo inteligentes para conseguir uma gestão precisa da utilização de energia.

Utilizar a automatização e as tecnologias da informação para monitorizar e regular o consumo de energia em tempo real.

III. Estratégias de incentivo económico

Contrato de gestão de energia (EMC):

Colaborar com empresas profissionais de serviços de conservação de energia para implementar projectos de conservação de energia utilizando o modelo EMC.

A empresa de serviços de conservação de energia é responsável pelo investimento, conceção, construção, operação e manutenção do projeto, enquanto a empresa partilha os benefícios da conservação de energia com base nas poupanças de energia.

Subsídios à conservação de energia e incentivos fiscais:

Procurar ativamente políticas nacionais e locais de subsídios à conservação de energia para reduzir os custos de investimento em projectos de renovação para conservação de energia.

Utilizar políticas de incentivos fiscais, tais como deduções fiscais para investimentos em equipamento de conservação de energia, para aumentar o entusiasmo da empresa na implementação de projectos de conservação de energia.

IV. Planos de execução específicos

Tomando uma determinada empresa como exemplo, os planos específicos de implementação dos serviços de eficiência e conservação energética podem incluir

Retrofits de conservação de energia do sistema de iluminação:

Substituir as lâmpadas fluorescentes tradicionais por dispositivos de iluminação LED para melhorar a eficiência da iluminação e reduzir o consumo de energia.

Implementar um sistema inteligente de controlo da iluminação para ajustar automaticamente o brilho da iluminação com base nas necessidades reais.

Otimização da conservação de energia do sistema de ar condicionado:

Limpar e manter o sistema de ar condicionado para melhorar a eficiência da transferência de calor.

Adotar a tecnologia de ar condicionado de frequência variável para ajustar automaticamente a frequência de funcionamento do ar condicionado com base na temperatura interior.

Retrofits de conservação de energia do sistema de energia:

Reequipar o sistema de motores para conservação de energia, adoptando motores de poupança de energia e conversores de frequência de alta eficiência.

Implementar um sistema inteligente de controlo de motores para obter um controlo preciso e um funcionamento eficiente dos motores.

Gestão da conservação dos recursos hídricos:

Instalar dispositivos de poupança de água, tais como torneiras e sanitas economizadoras de água.

Implementar um sistema de recolha e utilização de águas pluviais para utilizar as águas pluviais para fins não potáveis, como a irrigação de espaços verdes.

Em resumo, as estratégias específicas de implementação dos serviços de eficiência e conservação de energia requerem uma abordagem global que incorpore medidas de gestão, tecnológicas e económicas, utilizando vários meios e métodos para conseguir uma utilização e conservação eficientes da energia.

4.3 Vantagens e desafios

O modelo "experimente antes de comprar" aumenta a confiança dos utilizadores nos serviços de poupança de energia, reduz as barreiras ao investimento inicial e promove a penetração no mercado. No entanto, os prestadores de serviços precisam de confiança e capacidade suficientes para garantir os efeitos de poupança de energia.

O modelo "experimente antes de comprar" nos serviços de eficiência energética e conservação de energia, que permite que os clientes experimentem os efeitos dos produtos ou serviços de poupança de energia antes de pagarem, tem uma série de vantagens e desafios. Segue-se uma análise pormenorizada das vantagens e desafios deste modelo:

vantagem

Reduzir o risco para o cliente:

Os clientes podem avaliar a eficácia dos produtos ou serviços de poupança de energia antes de os utilizarem efetivamente, reduzindo o risco de compra devido à assimetria de informação. Esta abordagem "experimente primeiro, pague depois" permite que os clientes sintam os benefícios reais da conservação de energia antes de comprarem, aumentando a sua confiança na compra.

Promover a aceitação pelo mercado:

Ao permitir que os clientes experimentem o efeito de poupança de energia em primeira mão, ajuda a aumentar a aceitação e o reconhecimento dos produtos ou serviços de poupança de energia no mercado. Esta experiência intuitiva é mais convincente do que a mera propaganda e ajuda a expandir a quota de mercado.

Promover a inovação e a aplicação tecnológica:

O modelo "experimente antes de comprar" incentiva a inovação contínua e a aplicação de tecnologias de poupança de energia. A fim de ganhar o favor dos clientes, as empresas continuarão a desenvolver produtos e tecnologias de poupança de energia mais eficientes e económicos, promovendo assim o progresso de toda a indústria.

Conseguir uma situação vantajosa para todos:

Para as empresas que prestam serviços de poupança de energia, ao permitir que os clientes experimentem primeiro e depois paguem, podem reduzir os custos de marketing e as dificuldades de promoção no mercado. Ao mesmo tempo, quando os clientes ficam satisfeitos com o efeito de poupança de energia e decidem comprar, a empresa pode obter uma fonte de rendimento estável. Para os clientes, podem obter benefícios a longo prazo da conservação de energia com menos riscos.

Desafio

Preocupações das empresas:

Algumas empresas podem estar preocupadas com a ligação "teste gratuito", receando que os clientes não estejam dispostos a pagar depois de a experimentarem ou que continuem a utilizar a patente em privado sem pagar. Esta preocupação pode levar as empresas a serem cautelosas na promoção de serviços de poupança de energia.

Informação assimétrica:

Embora o modelo "experimente antes de comprar" possa ajudar a atenuar a assimetria de informação, em alguns casos, os clientes podem ainda ter dificuldade em compreender plenamente o desempenho e a relação custo-eficácia dos produtos ou serviços de poupança de energia. Isto pode levar a avaliações inexactas por parte dos clientes depois de os experimentarem.

Controlo e garantia do mercado:

No âmbito do modelo "experimente antes de comprar", é necessário estabelecer um mecanismo sólido de supervisão do mercado e um mecanismo de proteção dos direitos. Caso contrário, podem surgir litígios, violações da propriedade intelectual e outros problemas após a utilização experimental, afectando o desenvolvimento saudável do mercado.

Equilíbrio entre os benefícios a longo prazo e os custos a curto prazo:

Para as empresas que prestam serviços de poupança de energia, a forma de suportar o custo experimental a curto prazo e de obter rentabilidade a longo prazo é um problema que tem de ser resolvido. Se o custo experimental for demasiado elevado ou se os benefícios a longo prazo não forem óbvios, poderá ser difícil para as empresas continuarem a promover este modelo.

4.4 Estudos de caso

• **Setor industrial**: Conseguir poupanças de energia através da otimização de processos e da atualização de equipamentos.

• **Setor da construção**: Realização de obras de adaptação para poupança de energia em edifícios comerciais e residências, tais como a instalação de iluminação energeticamente eficiente e de sistemas inteligentes de controlo da temperatura.

• **Setor dos transportes**: Promover meios de transporte energeticamente eficientes, como os veículos eléctricos, e otimizar os sistemas de gestão do tráfego.

A prática de "experimentar antes de comprar" no domínio dos serviços de eficiência energética e de conservação de energia visa aumentar a atratividade e a fiabilidade dos serviços, permitindo que os consumidores decidam se compram os serviços depois de os experimentarem em primeira mão. Segue-se uma análise exaustiva de um caso que combina várias práticas relacionadas:

I. A experiência de compra de automóveis "experimente antes de comprar" da BAIC BJEV

A BAIC BJEV lançou uma atividade de experiência de compra de automóveis "experimente antes de comprar" para os novos 20 000 indicadores de automóveis de passageiros de energia nova em Pequim. As medidas específicas incluem:

Test drive gratuito: os utilizadores com indicadores de ausência de automóvel em Pequim como unidade familiar e os clientes que se candidataram a novos indicadores de energia em agosto podem candidatar-se a um test drive gratuito de 7 dias do BEIJING-EU5 em qualquer loja BEIJING Auto 4S em Pequim com uma captura de ecrã da página do indicador de candidatura.

Experiência profunda: Se o cliente encomendar um carro depois de o ter experimentado durante uma semana, pode conduzir até à entrega do carro novo gratuitamente. Além disso, também são fornecidos serviços de consulta de indicadores e de agência de aplicação, permitindo aos utilizadores experimentar plenamente a conveniência, a ecologia e o conforto dos veículos eléctricos.

Apoio técnico: Equipado com baterias refrigeradas a líquido líderes da indústria e com o sistema de controlo de temperatura biónico inteligente IBTC, assegura um desempenho estável da bateria, melhora a adaptabilidade do ambiente do veículo e resolve as preocupações com a resistência, o desempenho e a segurança.

Esta atividade não só promoveu as vendas de veículos movidos a novas energias, como também reforçou a confiança e a aceitação dos veículos eléctricos por parte dos consumidores.

II. Mecanismo "primeiro utilizar, depois transferir" para as realizações científicas e tecnológicas de Zhejiang

A província de Zhejiang assumiu a liderança no lançamento do mecanismo "primeiro utilizar e depois transferir" para as realizações científicas e tecnológicas a nível nacional, promovendo a transformação eficiente das realizações científicas e tecnológicas das universidades e institutos para as pequenas e médias empresas. As práticas específicas incluem:

Teste gratuito: As empresas podem fornecer 600 yuan de despesas de seguro para experimentar gratuitamente duas patentes durante um máximo de dois anos. Este modelo reduz consideravelmente o custo de experimentação das empresas e promove a transformação e a aplicação das realizações científicas e tecnológicas.

Seguro de garantia de execução: A introdução do "Seguro de garantia de execução para a primeira utilização de realizações científicas e tecnológicas e a transferência de propriedade" cobre tanto a responsabilidade por incumprimento do contrato como por infração, salvaguardando os direitos e interesses de ambas as partes. Em caso de infração, a companhia de seguros pagará uma indemnização antecipada e enviará os resultados para o centro de crédito.

Eficácia e problemas: Este mecanismo foi experimentado com êxito em Wuyi, Jinhua e noutros locais, beneficiando muitas empresas, mas expondo também questões como as preocupações das universidades relativamente às ligações gratuitas e a relutância das empresas em pagar após uma utilização experimental. Através da legislação e de mecanismos orientados para o mercado, estas questões foram gradualmente resolvidas.

III. Gestão imobiliária "Experimente antes de comprar" nas zonas residenciais antigas e velhas do distrito de Miyun

A Comunidade Baitan na Rua Gulou, no distrito de Miyun, introduziu serviços imobiliários normalizados através da abordagem "experimente antes de comprar", que inclui as seguintes práticas específicas:

Inquérito à procura: através de visitas domiciliárias, fóruns e outros métodos, solicitar a opinião dos residentes e elaborar uma lista de serviços imobiliários.

Propriedade pré-selecionada: selecionar a propriedade pretendida de acordo com a lista de necessidades e selecionar a Oriental Verve Property Company através de uma reunião de pré-seleção para um serviço "experimente antes de comprar" de três meses.

Assinatura de um contrato formal: Durante o período de funcionamento experimental, a empresa de gestão de propriedades investe muita mão de obra e recursos materiais para satisfazer as necessidades dos residentes e, após obter a aprovação dos residentes, é assinado um contrato formal de prestação de serviços de propriedade.

Este modelo não só melhora o ambiente da comunidade, como também aumenta a sensibilização dos residentes para o pagamento de taxas, proporcionando um caminho viável para a transformação e modernização de comunidades antigas.

A prática de "experimentar antes de comprar" ou "utilizar primeiro e transferir depois" tem amplas perspectivas de aplicação no domínio dos serviços de eficiência energética e de conservação de energia. Ao reduzir os custos de experimentação, ao proporcionar uma experiência aprofundada e ao salvaguardar os direitos e interesses de ambas as partes, estes modelos podem efetivamente promover a transformação e a aplicação das realizações científicas e tecnológicas, reforçar a confiança dos consumidores e promover a popularização e o desenvolvimento de serviços conexos. No futuro, com a introdução e o aperfeiçoamento de mecanismos mais inovadores, espera-se que este modelo seja promovido e aplicado em mais domínios.

5. Comércio integrado de energia

Uma plataforma de mercado diversificada

5.1 Conceito e caraterísticas

O comércio integrado de energia é um conceito complexo e multidimensional que quebra as limitações dos modelos tradicionais de comércio de energia única, conseguindo a complementação mútua, a combinação optimizada e a atribuição científica de múltiplas fontes de energia, como a eletricidade, o calor e o gás, numa plataforma unificada. O surgimento deste modelo tem como objetivo responder às exigências energéticas cada vez mais complexas e às alterações do mercado, promovendo a integração e o desenvolvimento colaborativo dos mercados energéticos.

O comércio integrado de energia possui caraterísticas e vantagens como a diversificação, a eficiência, o respeito pelo ambiente e a integração do mercado. Pode satisfazer as necessidades energéticas diversificadas de diferentes utilizadores, aumentar a eficiência da utilização da energia, promover a utilização de energias limpas e derrubar barreiras entre diferentes mercados energéticos.

Em termos de mecanismos e modelos de transação, o comércio integrado de energia segue as leis económicas do mercado e consegue otimizar a atribuição de energia através de mecanismos de preços, mecanismos de oferta e procura, etc. Divide-se em mercados grossistas e retalhistas, incluindo mercados de médio e longo prazo e mercados spot, bem como vários modelos de transação, como a transação em tempo real e os serviços auxiliares, para garantir a estabilidade e a flexibilidade do fornecimento de energia.

No futuro, com o avanço contínuo da tecnologia da Internet no domínio da energia e o aprofundamento das reformas no sector retalhista da eletricidade, o modelo de comércio integrado de energia tornar-se-á gradualmente a tendência dominante no futuro mercado da energia. No entanto, durante o seu desenvolvimento, o comércio integrado de energia também enfrenta desafios, como a dificuldade de integração entre diferentes mercados da energia, a unificação das normas técnicas e a complexidade da regulamentação do mercado.

5.2 Tendências de desenvolvimento

Resumo das tendências do comércio integrado de energia:

Tendência de diversificação: Com a diversificação da procura de energia, o comércio integrado de energia abrangerá uma gama mais vasta de tipos de energia, satisfazendo as diversas necessidades dos utilizadores, aumentando a flexibilidade e adaptabilidade do mercado, optimizando as estruturas energéticas e reduzindo os custos.

Tendência para a eficiência: Tirando partido das tecnologias da Internet no sector da energia, o comércio integrado de energia permitirá uma atribuição e utilização mais eficientes da energia. Através da monitorização e análise em tempo real, optimizará a programação e distribuição de energia, impulsionando a atualização inteligente dos sistemas energéticos e transformando os padrões de produção e consumo.

Tendência ambiental: No contexto das alterações climáticas globais, o comércio integrado de energia dará ênfase à utilização e promoção de energias limpas, promovendo o desenvolvimento e a aplicação em escala das energias renováveis, impulsionando a transformação dos sistemas energéticos com baixo teor de carbono e alcançando um desenvolvimento sustentável da energia e do ambiente.

Tendência para a integração do mercado: O comércio integrado de energia derrubará as barreiras entre os mercados tradicionais de energia, promovendo a integração e o desenvolvimento coordenado entre os diferentes mercados de energia, formando um sistema de mercado de energia mais completo e eficiente e aumentando a competitividade e a vitalidade do mercado.

Inovação tecnológica e apoio político: A inovação tecnológica e o apoio político são factores importantes para o desenvolvimento do comércio integrado de energia. Tornarão as plataformas comerciais mais inteligentes, cómodas e eficientes, criando um ambiente político favorável ao desenvolvimento do comércio integrado de energia.

Cooperação e intercâmbio internacionais: No contexto da transição energética global, a cooperação e o intercâmbio internacionais tornar-se-ão tendências importantes no desenvolvimento do comércio integrado de energia. Permitirão uma atribuição optimizada e uma utilização partilhada dos recursos energéticos e promoverão tecnologias energéticas avançadas e experiências de gestão.

Em resumo, as tendências do comércio integrado de energia

impulsionarão o desenvolvimento e a transformação do mercado da energia, proporcionando um forte apoio à construção de um sistema energético moderno, limpo, com baixo teor de carbono, seguro e eficiente. Estas tendências não só ajudarão a satisfazer a crescente procura de energia, como também promoverão o desenvolvimento sustentável do sector da energia e a integração e coordenação dos mercados mundiais da energia.

5.3 Construção da plataforma

I. Definir o posicionamento e os objectivos da plataforma

Análise de posicionamento: Identificar os grupos de utilizadores-alvo e o papel da plataforma no mercado para garantir que satisfaz as necessidades de segmentos de utilizadores específicos.

Definição de objectivos: Estabelecer objectivos específicos e mensuráveis para orientar a construção e o funcionamento da plataforma.

II. Realizar estudos de mercado e análise da procura

Pesquisa de mercado: Obter uma compreensão profunda das condições do mercado, das tendências e do cenário competitivo para fornecer uma base de mercado para o desenvolvimento da plataforma.

Análise da procura: Identificar com precisão as necessidades dos utilizadores para garantir que as funcionalidades da plataforma satisfazem as expectativas do mercado.

III. Arquitetura da plataforma de conceção e módulos funcionais

Conceção geral da arquitetura: Desenvolver uma arquitetura de plataforma razoável para garantir a estabilidade, a escalabilidade e a facilidade de utilização.

Divisão de módulos funcionais: Modularizar as funções da plataforma para facilitar o desenvolvimento e a manutenção, assegurando simultaneamente a coordenação entre os módulos.

IV. Selecionar tecnologias e ferramentas essenciais

Seleção de tecnologia: Escolher estruturas e ferramentas tecnológicas maduras e estáveis com base nos requisitos da plataforma.

Configuração de ferramentas: Configurar as ferramentas de desenvolvimento, teste e implementação necessárias para garantir um processo de desenvolvimento sem problemas.

V. Desenvolvimento e testes

Desenvolvimento iterativo: Adotar métodos de desenvolvimento ágeis para responder rapidamente à evolução da procura e garantir a implementação atempada das funções da plataforma.

Testes exaustivos: Realização de testes rigorosos para garantir a estabilidade e a segurança da plataforma, melhorando a experiência do utilizador.

VI. Lançamento e funcionamento

Implementação da plataforma: Implementar a plataforma num ambiente de produção, efetuar as configurações e optimizações necessárias e garantir um funcionamento estável.

Formação dos utilizadores: Fornecer formação operacional aos utilizadores, melhorando a sua experiência e atividade na plataforma.

Funcionamento contínuo: Monitorizar e manter continuamente a plataforma, resolver prontamente os problemas dos utilizadores e atualizar iterativamente com base nos desenvolvimentos tecnológicos e do mercado.

VII. Conformidade com as políticas e regulamentos

Pesquisa de políticas: Pesquisar exaustivamente as políticas e os regulamentos relevantes para garantir a legalidade e a conformidade da plataforma.

Construção de conformidade: Cumprir rigorosamente as políticas e os regulamentos durante a construção e o funcionamento da plataforma, protegendo os direitos dos utilizadores e a segurança dos dados.

VIII. Reforçar a cooperação e o intercâmbio internacionais

Participação na definição de normas internacionais: Participar ativamente na formulação e promoção de normas internacionais para aumentar a influência da plataforma no mercado global.

Início de projectos de cooperação internacional: Colaborar com plataformas de comércio de energia de outros países e regiões para promover conjuntamente a integração e o desenvolvimento do mercado global de energia.

5.4 Estudos de caso

Central eléctrica virtual alemã Next Kraftwerk: Demonstra o papel das centrais eléctricas virtuais na agregação de recursos energéticos distribuídos, proporcionando flexibilidade ao sistema de energia e participando nas transacções do mercado da eletricidade.

Projeto de Demonstração de Integração e Otimização Multi-energia da Prefeitura de Haixi: Reflecte as vantagens da integração multi-energética na melhoria da fiabilidade do fornecimento de energia, da inovação tecnológica e dos benefícios económicos e ambientais.

Projeto de integração multi-energética de gás natural do distrito financeiro de negócios de Pequim Lize: Demonstra a eficácia de vários esquemas de integração energética na satisfação da procura diversificada de energia, na redução dos custos energéticos e na promoção de um desenvolvimento ecológico e com baixas emissões de carbono.

Análise exaustiva:

Flexibilidade e diversidade: As transacções integradas de energia aumentam a eficiência e a estabilidade globais do sistema energético através da agregação de múltiplos tipos de energia e de recursos energéticos distribuídos.

Inovação tecnológica: A aplicação de tecnologias como as centrais eléctricas virtuais, a integração multi-energética e a regulação inteligente constitui um forte apoio à otimização do sistema energético.

Benefícios económicos e ambientais: As transacções integradas de energia criam uma situação vantajosa tanto para a economia como para o ambiente, trazendo benefícios significativos através da melhoria da eficiência energética e da redução das emissões de carbono.

Mercado e ambiente político: O governo deve introduzir políticas e medidas relevantes para incentivar e apoiar o desenvolvimento de transacções integradas de energia. Ao mesmo tempo, a melhoria dos mecanismos de mercado é também um fator crucial para impulsionar o seu desenvolvimento.

Pontos de vista complementares:

Colaboração intersectorial: A implementação bem sucedida de transacções integradas de energia requer a colaboração entre sectores, incluindo produtores de energia, fornecedores, consumidores, agências governamentais e instituições de investigação e desenvolvimento tecnológico. Este modelo de colaboração ajuda a integrar recursos, partilhar riscos e alcançar interesses comuns.

Tomada de decisões inteligentes baseadas em dados: Nas transacções integradas de energia, a aplicação de tecnologias de big data e IA desempenhará um papel cada vez mais importante. Através da recolha, análise e processamento de dados em tempo real, é possível obter uma previsão mais precisa da procura de energia, uma alocação optimizada de recursos e uma tomada de decisões mais eficiente nas transacções.

Participação dos utilizadores e resposta à procura: O desenvolvimento de transacções integradas de energia deve também ter plenamente em conta as necessidades e as respostas dos utilizadores. Através de contadores inteligentes, casas inteligentes e outros meios técnicos, é possível monitorizar e controlar em tempo real o consumo de energia do lado do utilizador, promovendo assim a sua participação nas transacções de energia e a resposta à procura.

Padronização e normalização: À medida que as transacções integradas de energia continuam a desenvolver-se, a formulação de normas e padrões unificados tornar-se-á particularmente importante. Isto ajuda a reduzir os custos de transação, a melhorar a transparência do mercado e a promover a interoperabilidade entre diferentes tipos de energia.

6. Energia Digital Inteligente

A era inteligente chegou

6.1 Conceito e conotação

A energia digital inteligente refere-se à utilização de tecnologias de informação de nova geração, como a tecnologia digital, a Internet, os grandes volumes de dados e a inteligência artificial, para transformar e atualizar de forma inteligente todos os aspectos da produção, operação, gestão e serviço de energia, a fim de alcançar um desenvolvimento eficiente, limpo, seguro e sustentável da energia. Abrange tanto a digitalização como a inteligência, com o objetivo de melhorar a eficiência global e a velocidade de resposta do sistema energético através de uma tomada de decisões baseada em dados e inteligente.

As caraterísticas das fontes de energia inteligentes digitais são a elevada eficiência: através da aplicação de tecnologias digitais e inteligentes, as fontes de energia inteligentes digitais podem monitorizar e regular o estado de funcionamento dos sistemas de energia em tempo real, otimizar a distribuição e utilização da energia, melhorando assim a eficiência da utilização da energia e reduzindo o desperdício de energia.

Limpeza: As fontes de energia inteligentes ajudam a promover o desenvolvimento e a aplicação de energia limpa, como as fontes de energia renováveis, como a energia solar e eólica. Através de uma gestão inteligente, é possível prever e regular melhor a produção e o consumo de energia limpa, reduzir a dependência dos combustíveis fósseis e diminuir a poluição ambiental.

Segurança: As fontes digitais inteligentes podem monitorizar o estado de segurança dos sistemas de energia em tempo real, detetar e tratar atempadamente os potenciais riscos de segurança e assegurar o funcionamento estável dos sistemas de energia. Ao mesmo tempo, através da análise e previsão de dados, os planos de emergência podem ser formulados com antecedência para reduzir o impacto das emergências nos sistemas de energia.

Sustentabilidade: O desenvolvimento e a aplicação de fontes de energia digitais estão em conformidade com o conceito de desenvolvimento sustentável. Não se concentra apenas nas necessidades energéticas actuais, mas também considera a utilização sustentável dos recursos energéticos futuros. Através de uma gestão inteligente, pode otimizar a atribuição e a reciclagem de recursos energéticos, promovendo o desenvolvimento ecológico da indústria energética.

6.2 Tecnologias de base

Tecnologia de previsão de carga distribuída de energia integrada:

Tecnologia de base: Com base em dados históricos e condições meteorológicas em tempo real, é construída uma estrutura que combina o cálculo offline e a previsão online.

Vantagem chave: Obtém uma modelação refinada das cargas eléctricas, térmicas e de gás, melhora a precisão da previsão e garante um funcionamento seguro e fiável do sistema de energia.

Tecnologia de inspeção de linhas de transmissão:

Tecnologia de base: Combina a aprendizagem automática e a tecnologia de gémeo digital para construir um modelo de gémeo digital de linhas de transmissão.

Principais vantagens: Permite a integração perfeita de 3D em cena real e 3D físico, reduz os custos de operação e manutenção, melhora a eficiência da operação e manutenção e consegue a interligação com computação periférica, 5G e dispositivos de terceiros.

Tecnologia de gestão e controlo da qualidade de grandes volumes de dados:

Tecnologia de base: Solidifica os processos de gestão de dados e consegue um funcionamento e controlo online durante todo o ciclo de vida dos activos de dados.

Principais vantagens: Suporta o acesso a dados de várias fontes, proporciona uma monitorização única dos recursos de dados e melhora a qualidade dos dados e a eficiência da utilização.

Tecnologia de processamento de grandes volumes de dados:

Tecnologia de base: Adopta uma arquitetura distribuída para alcançar uma escalabilidade horizontal linear e em tempo real.

Vantagem chave: Fornece algoritmos avançados, identifica a melhor combinação de algoritmos de previsão e melhora as capacidades de processamento e análise de dados.

Tecnologia de gémeos digitais:

Tecnologia de base: Combina plataformas digitais terrestres e modelos auto-desenvolvidos para construir uma base digital empresarial.

Principais vantagens: Fornece serviços de ciclo de vida completo para empresas de energia, forma uma solução integrada e ajuda as empresas na transformação digital, atualização e desenvolvimento inteligente.

Tecnologia de tomada de decisões com inteligência artificial melhorada:

Tecnologia de base: Utiliza tecnologia de deteção e controlo para recolher dados e otimizar processos físicos.

Vantagem fundamental: No sector da energia, optimiza a distribuição de energia e melhora a eficiência da utilização, reduz as emissões de carbono e atinge os objectivos de emissões líquidas nulas.

6.3 Cenários de aplicação

- **Rede inteligente**: Conseguir uma transmissão e distribuição eficientes da eletricidade, melhorando a estabilidade e a fiabilidade da rede.

- **Casa inteligente**: Otimização da gestão e conservação da energia doméstica através de dispositivos inteligentes.
- **Fábrica inteligente**: Melhorar a eficiência energética da produção industrial utilizando tecnologias inteligentes.
- **Transportes inteligentes**: Promover veículos eléctricos e sistemas de transporte inteligentes para reduzir o consumo de energia no sector dos transportes.

6.4 Transformações e perspectivas futuras

A inovação tecnológica como força motriz: O núcleo do desenvolvimento da energia digital inteligente reside na inovação tecnológica, particularmente na aplicação generalizada de tecnologias de informação de nova geração, como a computação em nuvem, os grandes volumes de dados, a inteligência artificial e a Internet das Coisas. Estas tecnologias fornecem uma base sólida para a digitalização e a inteligência dos sistemas energéticos, impulsionando progressos significativos na previsão da carga de energia, na gestão da operação e da manutenção e noutros aspectos.

Expansão dos cenários de aplicação: Os cenários de aplicação da energia digital-inteligente expandiram-se dos sistemas de energia tradicionais para sistemas de energia integrados, produção de energia de novas energias, sistemas de armazenamento de energia e vários outros domínios. Esta expansão não só aumenta a segurança e a fiabilidade das redes eléctricas, como também promove a utilização eficiente de novas energias, injectando uma nova vitalidade no desenvolvimento sustentável da indústria energética.

Factores de política e de mercado: A ênfase global na transição energética e no desenvolvimento sustentável proporciona apoio político e procura de mercado para o desenvolvimento da energia digital inteligente. As políticas governamentais e a popularização de produtos energéticos digitais, como a energia limpa e as redes inteligentes, oferecem um amplo espaço de mercado e oportunidades de desenvolvimento para o sector da energia digital inteligente.

Perspectivas futuras da energia digital inteligente

Integração profunda e desenvolvimento colaborativo: No futuro, a energia digital-inteligente alcançará uma integração profunda e um desenvolvimento colaborativo com vários aspectos da produção, transmissão e consumo de energia. Ao construir sistemas de energia inteligentes e ao realizar uma recolha de dados abrangente, uma análise profunda e uma aplicação inteligente dos dados energéticos, promoverá ainda mais a otimização, a atualização e o funcionamento eficiente dos sistemas energéticos.

Inovação liderada por tecnologias emergentes: As tecnologias emergentes, como a cadeia de blocos, a computação de ponta e a computação quântica, desempenharão um papel significativo no domínio da energia digital inteligente. A aplicação destas tecnologias impulsionará ainda mais a inovação tecnológica e promoverá a aplicação e a disseminação da energia digital-inteligente, injectando um novo ímpeto no desenvolvimento futuro da indústria energética.

Desenvolvimento ecológico, hipocarbónico e sustentável: O desenvolvimento da energia digital-inteligente promoverá fortemente a realização dos objectivos de desenvolvimento verde, com baixo teor de carbono e sustentável. Ao otimizar a atribuição de energia, melhorar a eficiência da utilização de energia e reduzir as emissões de carbono, a energia digital inteligente dará contributos importantes para a transição energética global e para a atenuação das alterações climáticas, ajudando a alcançar um futuro energético mais verde e com baixo teor de carbono.

Construção de um ecossistema industrial e colaboração aberta: No futuro, a indústria da energia inteligente digital formará um ecossistema industrial mais completo, incluindo investigação e desenvolvimento tecnológico, fabrico de equipamento, integração de sistemas, serviços operacionais e outros aspectos. Simultaneamente, a colaboração aberta tornar-se-á uma tendência importante no desenvolvimento do sector da energia digital inteligente. Ao reforçar a cooperação e os intercâmbios com os domínios internacionais e nacionais relevantes, promovendo conjuntamente a inovação tecnológica e a promoção da aplicação da energia digital inteligente, injectará uma nova vitalidade no desenvolvimento sustentável da indústria da energia digital inteligente.

Em suma, a transformação e o futuro da energia digital inteligente estão repletos de oportunidades e desafios. Com a inovação tecnológica contínua e a expansão dos cenários de aplicação, a energia digital inteligente desempenhará um papel mais significativo na condução da transição energética e do desenvolvimento sustentável. Temos razões para acreditar que a energia digital inteligente se tornará uma importante direção de desenvolvimento para a futura indústria energética, contribuindo positivamente para a transição energética global e o desenvolvimento sustentável.

Printed by Books on Demand GmbH, Norderstedt / Germany